# MALADIES DES FEMMES

## MÉTRITE CHRONIQUE

# MAGASIN DES FAMILLES

CORBEIL, typographie de CRETÉ.

# MALADIES DES FEMMES

## MÉTRITE CHRONIQUE

PAR

### P. BOUFFIER

DOCTEUR EN MÉDECINE DE LA FACULTÉ DE PARIS,

ET

### MADAME BOUFFIER

SAGE-FEMME DE 1ʳᵉ CLASSE DE LA FACULTÉ DE PARIS.

## PARIS

### J. B. BAILLIÈRE ET FILS,

LIBRAIRES DE L'ACADÉMIE IMPÉRIALE DE MÉDECINE,

Rue Hautefeuille, 19.

| LONDRES | NEW-YORK |
|---|---|
| HIPPOLYTE BAILLIÈRE, 219, REGENT STREET. | BAILLIÈRE BROTHERS, 440, BROADWAY. |

MADRID, C. BAILLY-BAILLIÈRE, PLAZA DEL PRINCIPE ALFONSO, 11.

## 1862

# INTRODUCTION.

Le champ ouvert à l'étude de l'humanité souffrante est si vaste, si long à parcourir, que depuis plusieurs siècles les médecins se sont divisés pour mieux l'étudier en deux catégories, les uns s'adonnant à la pathologie interne ou médecine proprement dite, les autres à la pathologie externe ou chirurgie.

Cette division du travail médical a paru insuffisante depuis un certain nombre d'années, et de cette insuffisance sont nées les spécialités médicales, contre lesquelles on s'est élevé d'abord et qui ont néanmoins exercé une très-heureuse influence sur les progrès de la médecine pratique.

« Nous serions entraîné trop loin, dit le professeur Scanzoni, si nous voulions essayer de prouver l'utilité de cette répartition du travail entre tous les membres du corps médical, du reste elle est si bien reconnue aujourd'hui que toutes les plaintes qu'il y a quelques années on entendait de toutes parts contre cette division excessive de la médecine, cessent de se faire entendre. Ce qui démontre l'utilité de cette tendance, c'est qu'il n'y a plus aujourd'hui de médecin qui oserait se vanter de connaître à fond toutes les branches de la médecine et d'être aussi bon oculiste que dermatologiste, qu'accoucheur ou gynécologiste, etc. »

« L'étude des maladies des femmes et l'art des accouchements, dit encore le même auteur, doivent se compléter réciproquement, et il est impossible de faire une étude sérieuse de l'une sans considérer avec le plus grand soin toutes les ressources qui nous sont offertes par l'autre, et l'on peut vraiment prétendre qu'un accoucheur qui veut être à même de pratiquer avec un vrai succès doit aussi se vouer à l'étude de la gynécologie (1). »

C'est parce que nous étions convaincus de ces vérités que pendant nos études médicales à Paris nous avions suivi avec assiduité les cliniques de MM. P. Dubois, Chomel, Gibert, Jobert de Lamballe, Becquerel, que nous avions étudié leurs divers modes de traitement, leurs succès, leurs revers, avec l'intention de nous livrer plus spécialement à l'étude de l'art des accouchements et des maladies des femmes. C'est ce que nous avons fait depuis un grand nombre d'années. Notre position exceptionnelle

(1) *Traité pratique des maladies des organes sexuels de la femme,* traduit de l'allemand par les docteurs H. Dor et Socin. Paris, 1858.

nous en faisait du reste presque une obligation. Nous avons pu dans l'observation des nombreuses personnes qui, chaque jour réclament nos soins, puiser des enseignements très-utiles, les mettre en pratique et en obtenir des succès remarquables.

Ne craignons pas de dire que les maladies des femmes sont en général mal connues, mal étudiées ; parce qu'elles sont situées profondément et parce qu'il faut, pour en reconnaître la nature exacte, soumettre les femmes à des examens, à des explorations auxquels la plupart se refusent ; celles qui s'y soumettent ne le font que tardivement et avec moins d'assiduité qu'il ne faudrait pour permettre au médecin de traiter avec fruit des affections toujours longues à guérir, même avec un traitement régulier. Or, sans explorations fréquentes, sans l'application directe et souvent répétée de divers topiques sur l'organe malade, en un mot, sans pansements réguliers comme on le ferait pour un mal extérieur, il n'y a pas de progrès rapides vers la guérison. Les bons résultats que nous retirons de notre manière de traiter sont dus à la persistance que nous mettons à attaquer le mal localement et intérieurement.

Qu'il nous soit permis, à l'exemple de Dugès et de madame Boivin, d'étudier quelques points de la pathologie utérine, dont notre collaboration nous a facilité l'étude ; trop heureux si nous pouvons apporter quelques faibles matériaux à cet édifice immense dont la construction laborieuse est loin d'être achevée.

L'expérience de chaque jour nous a donné la triste conviction que les maladies de l'utérus sont aussi fréquentes, plus fréquentes même que celles de tout autre organe, et que leur influence, retentissant constamment sur toute l'économie, la modifie profondément. Ne voyons-nous pas très-souvent des femmes se plaindre de troubles de toutes les fonctions, de malaises indéfinissables dont elles ignorent la cause et dont le foyer est dans le système utérin?

Les maladies utérines peuvent se diviser d'après leur importance en légères, qui, étant négligées, tendent à se perpétuer ou à s'aggraver; en graves, exigeant un traitement long et vigoureux; en incurables, auxquelles nous ne pouvons apporter que quelques soulagements. Bien que le médecin, dans ces horribles affections au-dessus des ressources de son art, ait à lutter contre un ennemi invincible, il doit ne point se laisser abattre et diriger tous ses efforts contre les douleurs intolérables des malades et contre les odeurs pestilentielles qu'exhalent les parties affectées.

Que si les médecins doivent tendre à guérir les maladies, ils doivent surtout s'efforcer de les prévenir en indiquant les causes qui peuvent les faire naître et les moyens de les éloigner ; assurément ces causes, comme celles de la plupart des maladies, sont en général fort obscures, souvent même insaisissables, mais une hygiène bien observée et souvent trop négligée des organes sexuels en éloignerait un grand nombre.

Les maladies de l'utérus sont d'autant plus à craindre qu'elles sont insidieuses ; lorsque les femmes se livrent à notre examen pour la première fois, nous sommes souvent très-surpris de découvrir des désordres très-graves, qui n'auraient pas existé sans la marche insidieuse de ces affections, et surtout sans la répugnance invincible qu'éprouvent la plupart des malades à se laisser examiner. Cependant, depuis un certain nombre d'années, effrayées par la mort de quelques personnes de leur famille ou de leur connaissance atteintes de maladies utérines, un grand nombre de femmes demandent plus promptement des conseils et consentent plus facilement à subir un examen. Nous en voyons accourir à nous pour des affections de toute nature des organes sexuels et nous nous trouvons, bien moins qu'autrefois, à la première exploration, en présence de ces ulcérations hideuses ayant détruit tout le col de l'utérus et quelquefois une partie du vagin ou le vagin tout entier, comme nous l'avons encore observé il y a quelques mois chez une femme de cin-

quante ans, qui n'avait jamais été visitée et dont
l'ulcération s'étendait depuis la matrice jusqu'à la
vulve ; c'est à peine si le petit doigt pouvait être introduit, à quelques centimètres de profondeur, dans
le vagin à parois ulcérées, dures et saignantes.

Pour étudier la physiologie et la pathologie de la
femme, on peut diviser sa vie en trois périodes :
1° depuis la naissance jusqu'à l'établissement de la
puberté, antésexuelle ; 2° de la puberté à l'âge critique, sexuelle ; 3° après l'époque critique, post-
sexuelle. Dans la première et la troisième période
la vie des deux sexes est à peu près semblable, même
physiologie, même pathologie. Mais combien les
différences sont grandes dans la deuxième ! l'organisme tout entier est profondément travaillé par
l'évolution d'une nouvelle fonction, la génération.
Tandis qu'à la puberté, l'homme prend des formes
musculaires très-prononcées, tandis que ses organes
génitaux se développent, que sa voix devient plus
grave, que son intelligence grandit, tandis qu'en un
mot, il se transforme physiquement et moralement
presque sans troubles fonctionnels ; le gonflement
des seins, l'arrondissement des formes, le développement des organes génitaux internes et externes,
l'établissement de la menstruation se font chez la
femme avec une véritable révolution organique.

Dès que par cette transformation la femme est

devenue apte à concevoir, l'existence d'une nouvelle
vie, la vie utérine, se révèle en elle; le système
utérin étant intimement lié avec le système général,
le moindre dérangement de l'une de ses parties re-
tentit sur toute l'économie. Si la menstruation surtout, qu'on peut considérer comme le régulateur de
la santé de la femme, est troublée ou supprimée,
toutes les fonctions, toutes les maladies même en
éprouvent une fâcheuse impression, et si l'on réflé-
chit aux causes nombreuses qui peuvent déranger
cette fonction, on ne sera pas surpris du rôle important qu'elle joue dans la vie sexuelle de la femme.
Avant, pendant, après les époques menstruelles,
pendant les diverses grossesses, la femme est presque
toujours dans un état de surexcitation nerveuse
voisin de la maladie ; aussi, en raison de cet excès
de sensibilité dans ces moments, toute son économie est-elle plus facilement impressionnée par les
causes morbides physiques et morales. Si l'établissement de la menstruation se fait souvent avec des
orages violents, la cessation complète de cette fonction n'en provoque pas de moins impétueux. Ce n'est
que lorsque les organes génitaux ont accompli leur
mission que le système utérin, rentrant dans le repos,
cesse d'étendre son action sur tout l'organisme.

Chacun des organes sexuels, vulve, vagin, utérus,
trompes, ovaires, peut être malade isolément et de

diverses manières. Nous ne nous occuperons que de
la maladie la plus commune de l'utérus, la métrite
chronique parenchymateuse simple, laissant de côté
celle qui accompagne toujours le développement d'un
produit accidentel dans le tissu utérin : cancer, corps
fibreux, polypes, tubercules.

De l'engorgement chronique dépendent des troubles de sécrétion, le catarrhe ; certaines lésions du
col, les érosions, les granulations, les ulcérations,
les végétations ; des changements de situation de
l'utérus, les déviations ; des altérations des organes
voisins que nous aurons à étudier.

# MALADIES DES FEMMES

## MÉTRITE CHRONIQUE.

---

### ANATOMIE.

Avant d'aborder cette étude, jetons un coup d'œil rapide sur l'anatomie de l'utérus.

L'appareil générateur de la femme se compose de deux parties : des ovaires organes producteurs de l'œuf et d'un conduit double à sa partie supérieure s'étendant du pavillon des trompes à la vulve ; ce conduit dont la structure et les dimensions varient dans la partie supérieure moyenne et inférieure de son parcours, est formé par les trompes dont le calibre est proportionné au volume de l'ovule ; par l'utérus organe de nutrition et de développement du produit de la conception, et par le vagin dont les parois sont assez dilatables pour conduire le fœtus de l'utérus au dehors. L'utérus est donc l'organe dans lequel l'ovule fécondé doit se développer pendant neuf mois jusqu'à ce que son organisation lui permette de braver impunément le monde extérieur.

Afin de protéger cet organe contre les violences extérieures, le créateur l'a placé le plus profondément possible, tout en lui permettant un accès au dehors pour accomplir sa double fonction d'accepter la liqueur fécondante et d'expulser le germe fécondé. Il l'a si admirablement suspendu dans le bassin qu'il ne peut pas même recevoir les contre-coups à moins qu'ils ne soient d'une extrême violence. Cet organe si bien abrité contre les causes extérieures des maladies, est cependant en proie à une foule de lésions par la nature seule de ses fonctions et par leur périodicité : la parturition, la menstruation.

L'utérus suspendu dans l'excavation du bassin sur la ligne médiane est dirigé de haut en bas, d'avant en arrière et légèrement de droite à gauche ; dans la grossesse, cette inclinaison est à peu près constante, mais cet axe qu'on peut considérer comme normal présente de grandes variations à cause de l'extrême mobilité de l'organe. Il est situé entre la vessie et le rectum, enveloppé par les intestins grêles et maintenu dans sa position par les ligaments larges, ronds, le vagin et les replis utéro-sacrés. Il est composé de deux parties à développement distinct et inverse, le corps et le col. Son volume varie suivant l'âge et certaines conditions physiologiques, il ne prend son entier développement qu'à la puberté et s'atrophie dans la vieillesse lorsque la période sexuelle de la femme s'est évanouie. Il mesure environ 7 centimètres de longueur, 5 de largeur et 3 d'épaisseur, il pèse de 50 à 60 grammes.

Il a la forme d'une poire aplatie d'avant en arrière et deux surfaces, une intérieure et l'autre extérieure.

L'extérieure se divise en bords latéraux donnant attache aux ligaments larges, en fond libre, en face antérieure dont les trois quarts supérieurs sont recouverts par le péritoine, libres et en rapport médiat avec la vessie, et dont le quart intérieur est en rapport immédiat avec le bas-fond du réservoir urinaire. En face postérieure recouverte par le péritoine dans toute son étendue et en rapport médiat avec la face antérieure du rectum par lequel elle peut être explorée. La surface interne est triangulaire, le sommet de chaque angle est percé d'un orifice, l'inférieur établit une communication entre la cavité du corps et celle du col ; les deux autres sont ceux des trompes. La muqueuse du corps est lisse, tandis que celle du col, dont la cavité est fusiforme, est sillonnée de nombreux replis longitudinaux. Au niveau de l'insertion du vagin, sur la face postérieure du col, partent les deux ligaments utéro-sacrés ou utéro-rectaux formés par deux replis du péritoine qui attachent le col de l'utérus au sacrum et au rectum.

L'extrémité inférieure de l'utérus, ou museau de tanche, est située dans le vagin, il est petit, allongé en forme de cône, percé d'un orifice étroit arrondi chez les nullipares, il est plus volumineux, déchiré et fendu transversalement chez les femmes qui ont eu un ou plusieurs enfants. C'est surtout par lui que nous pouvons juger de l'état de l'utérus par sa coloration, son volume, sa consistance, sa sécrétion. Ce n'est que par lui que nous pouvons agir directement sur la matrice. A la réunion du corps et du col, il existe un sphincter comme l'a établi M. Bennett suivant qu'il est plus ou moins resserré, soit d'une manière spasmodique, soit par suite de l'inflammation, les mucosités et surtout le sang des menstrues pénètrent difficilement dans le col, d'où résultent des dysménorrhées et des coliques utérines, lorsque l'utérus se révolte pour expulser les liquides qu'il contient.

Le col est entouré en arrière et latéralement par du tissu cellulaire qui, communiquant librement avec le tissu cellulaire pelvien et sous-vaginal, joue un très-grand rôle dans l'inflammation péri-utérine. Les rapports de l'utérus avec les organes voisins, la vessie, le rectum, le vagin, les intestins, les diverses parties molles qui tapissent et remplissent le bassin, ont une extrême importance pour bien comprendre les lésions de voisinage qu'entraîne la métrite chronique, les divers symptômes qui se rapportent à chacune de ces lésions, et les troubles auxquels donnent naissance les divers déplacements utérins.

Suivant Aran, c'est le point commun où se fait sur l'utérus l'insertion du vagin, de la vessie et des ligaments utéro-sacrés qui constitue le véritable axe de cet organe, l'axe de suspension ; cet axe est en effet le pivot de la mobilité si nécessaire à l'accomplissement de ses fonctions, mais il est susceptible lui-même de se déplacer en masse par suite de la flexibilité et de la laxité des parties qui le constituent. C'est ce qui explique comment le col utérin est plus rapproché de la vulve quand la femme est debout, comment le doigt introduit dans le vagin peut refouler l'utérus jusqu'à une grande hauteur dans le bassin, comment son engorgement, en augmentant son poids, l'entraîne vers la vulve ; comment le col, par de violentes tractions, peut être amené tout à fait hors de la vulve pour pratiquer l'opération de la fistule vésico-vaginale, comme nous l'avons vu faire plusieurs fois à M. Jobert de Lamballe.

## ANATOMIE PATHOLOGIQUE.

La métrite chronique simple n'entraînant jamais la mort, il est très-difficile de vérifier anatomiquement les lésions de cette maladie ; on ne peut le faire que lorsqu'une personne en traitement dans un hôpital succombe à une maladie intercurrente ; et même alors, à moins d'une mort subite, la maladie aiguë à laquelle la femme a succombé, établit sur le point malade quel qu'il soit une dérivation qui modifie profondément les altérations de la métrite. Il faut bien que cette vérification soit très-difficile pour que les auteurs soient en désaccord complet sur une foule de points ; non-seulement sur la nature des altérations de la métrite, mais encore sur l'existence même de ces altérations.

C'est ainsi que tandis que la plupart d'entre eux, Dugès et Boivin, Duparcque, Bennett, Scanzoni, Becquerel, admettent des inflammations partielles



2

du corps de l'utérus, Aran et M. Nonat les rejettent ; et cependant, quoi de plus facile en apparence que de vérifier ce fait par l'anatomie ? Il faut donc que l'occasion de le faire se présente très-rarement. Bennett fait jouer un très-grand rôle à ces inflammations partielles pour expliquer le mécanisme des déplacements ; nous admettons bien des inflammations plus prononcées au col qu'au corps, mais dans les nombreux examens que nous avons faits sur le vivant, nous avons toujours observé le corps de l'utérus uniformément tuméfié et jamais partiellement. La plupart des auteurs, pour admettre ces inflammations, se sont appuyés plutôt sur l'analogie que sur l'observation.

L'altération morbide que l'on rencontre constamment dans la métrite chronique parenchymateuse est l'augmentation de volume et de consistance de l'organe, et la dilatation de sa cavité qui peut acquérir 8, 9, 10 centimètres de profondeur. Ces modifications sont le résultat de l'épaississement des parois utérines. Le parenchyme est dur, résistant, sa coloration varie du rose au rouge livide, il crie sous le scalpel, et au milieu du tissu très-dense dont on a opéré la section, on voit un certain nombre de vaisseaux béants d'un calibre variable, en général de petite dimension. On reconnaît à l'examen microscopique une augmentation de tissu cellulaire provenant de l'organisation de la lymphe plastique qu'a déposée l'inflammation. Pour nous, il est rare que le parenchyme soit malade sans que la muqueuse le soit également ; aussi trouve-t-on la muqueuse du corps altérée, elle est recouverte d'un mucus liquide, tantôt transparent, tantôt opaque, tantôt crémeux, elle est lisse, injectée ou rude comme du velours, ce qui est dû à l'hypertrophie des follicules et des villosités qu'elle contient. Dans une autopsie que nous avons faite l'année dernière, la muqueuse du corps présentait huit replis transversaux de 2 millimètres de largeur et de 1 millimètre d'élévation ; ces replis et les sillons qui les séparaient étaient recouverts de milliers de villosités extrêmement déliées, auxquelles adhérait intimement une matière pultacée que le raclage n'enlevait pas en entier.

La muqueuse du col est pâle, très-tuméfiée, sa cavité est agrandie, les nombreux replis qu'elle renferme sont hypertrophiés ; dans l'autopsie dont nous venons de parler, la cavité du col était saine, dilatée et recouverte d'un mucus transparent. La matière grumeleuse concrète qui tapissait la cavité du corps bouchait l'orifice cavico-utérin, et ne pénétrait nullement dans le col. Nous avons été frappés de l'hypertrophie des nombreux replis de la muqueuse casicale. Si on avait pu les dédoubler et les étendre sur une surface plane, la superficie du col aurait été triplée ; on obtient ainsi l'explication de l'abondance de la sécrétion muqueuse pour une surface peu étendue en apparence.

N'étant pas enveloppé par une membrane cellulo-fibreuse comme le corps, le col n'est point gêné dans son développement inflammatoire, et augmente plus facilement de volume; il prend diverses formes suivant le degré d'inflammation dont il est atteint; son orifice est presque toujours agrandi, ses deux lèvres béantes quelquefois lobulées ou mamelonnées; sa sécrétion vitrée, transparente, visqueuse est exagérée et devient parfois purulente; le pourtour de l'orifice externe est ordinairement gonflé, érodé, excorié ou ulcéré. On trouve assez souvent des organes voisins plus ou moins altérés : les trompes, les ovaires, la vessie, le rectum, le vagin, le tissu cellulaire péri-utérin, quelque portion du péritoine.

La nature de la métrite chronique parenchymateuse est inflammatoire à un faible degré ou subinflammatoire. Le développement de l'inflammation dans un organe étant en raison directe de la quantité de tissu cellulaire qu'il contient et de la laxité de ses mailles; et le tissu cellulaire qui forme la trame de tous les organes entrant dans chacun d'eux en proportion variable et avec des mailles plus ou moins serrées, l'inflammation y prend naissance plus ou moins facilement et y revêt des formes diverses qui ont pu faire méconnaître le caractère inflammatoire. Dans l'utérus, organe à l'état de vacuité, dense, charnu, musculeux comme le cœur; l'inflammation franche a peu de prise à cause du peu de tissu cellulaire qu'il contient, et si parfois la métrite en dehors de l'état puerpéral paraît revêtir les caractères de l'inflammation franche, avec douleurs aiguës et réaction fébrile, c'est que l'enveloppe de l'utérus est atteinte et occasionne ces symptômes. La propagation de l'inflammation de la muqueuse sur laquelle s'ouvre un conduit glanduleux à la glande elle-même, se fait ordinairement avec une très-grande facilité ; or les trompes devant être considérées comme le conduit glanduleux de l'ovaire, il est aisé de comprendre pourquoi la métrite chronique est souvent le point de départ de l'ovarite.

## ÉTIOLOGIE.

Tout ce qui, amenant une congestion vive, permettra au sang de stationner dans les parois de la matrice et d'y déposer les matières plastiques de l'inflammation, doit être considéré comme cause de la métrite chronique. La congestion de l'organe est donc le premier degré de cette maladie ; elle est physiologique dans la menstruation régulière, mais pour peu que cette dernière fonction soit troublée ou supprimée, la congestion devient pathologique à divers degrés.

Une des causes les plus puissantes de cette maladie, c'est la suppression brusque des règles chez les femmes qui pendant la période menstruelle se sont exposées à un refroidissement ou ont eu à supporter des affections morales vives. Lorsque l'écoulement menstruel est supprimé par une cause quelconque, la femme n'en éprouve pas moins chaque mois vers l'utérus, le molimen hémorrhagique qui s'annonce par des maux de reins, une sensation de plénitude du côté du bas-ventre, etc. L'utérus est tuméfié par l'afflux d'un sang qui, ne pouvant sortir par les voies naturelles, est résorbé peu à peu, non sans avoir déposé dans le parenchyme utérin quelques matériaux plastiques auxquels d'autres s'ajouteront à chaque période menstruelle ; à l'altération causée par ces matériaux, se joindront des troubles de circulation et de nutrition de l'organe.

Dans les deux tiers des cas, la métrite chronique est causée par un avortement ou par un accouchement. L'avortement et surtout les avortements répétés doivent être placés en première ligne dans l'étiologie de cette affection ; après l'avortement, le retraitde l'utérus est plus difficile et plus lent qu'après l'accouchement ; les fibres musculaires n'ayant pas encore acquis la force de contractilité qui réduit promptement le volume de l'utérus, et la circulation n'étant pas assez active pour reprendre vivement les matériaux que cet organe contient en excès, on voit persisterpluslongtemps le volume exagéré de l'utérus. L'engorgement chronique est aussi la conséquence des accouchements laborieux après lesquels le repos ordinairement nécessaire n'ayant pas été assez prolongé, la matrice n'est pas revenue entièrement à son volume normal. Le travail d'évolution rétrograde par lequel la transformation graisseuse des fibres

musculaires doit se faire, se trouve ainsi entravé par
le défaut de repos général. Les rapprochements
sexuels trop répétés ou qui ont lieu dans des circonstances inopportunes, l'emploi des pessaires et
de tout corps dur redresseur qui peuvent blesser la
matrice ont le pouvoir de produire cette maladie.

La funeste habitude qu'ont la plupart des mères
de ne pas allaiter elles-mêmes leur enfant est aussi
une cause de congestion et de métrite chronique.
Elles veulent par coquetterie se soustraire à un de-
voir sacré, à une loi que leur impose la nature et
qu'elles ne peuvent pas violer impunément. Les
diverses phases du grand acte de la génération, ac-
couplement, conception, gestation, parturition,
sécrétion lactée, allaitement, doivent avoir toutes
leur accomplissement. Après la parturition, la matrice qui pendant neuf mois a reçu un surcroît de
vitalité pour protéger et nourrir l'enfant, réclame le
plus grand repos, son excès de vie se porte sur les
organes de la lactation et l'utérus doit rentrer dans
une inertie complète. Pendant l'allaitement il n'est
plus soumis aux congestions mensuelles, il ne reçoit
plus de germe fécondé. Mais si la mère ne donne pas
le sein à son nourrisson, les lochies deviennent plus
abondantes, le flux cataménial se rétablit avant que
l'utérus ait eu le temps de jouir du repos qui lui
était naturellement dévolu, et souvent un nouvel
ovule fécondé se greffant sur l'organe gestateur y
attire de nouveau un excès de circulation et de vie ;

a matrice demeure ainsi habituellement conges-
tionnée, elle perd son ressort vital et ses parois
acquièrent un développement exagéré et perma-
nent.

Nous ne devons pas oublier de mentionner dans
l'étiologie de la congestion et par suite de la métrite
chronique, la constipation et les efforts de défécation qui deviennent d'autant plus violents que la
constipation s'accroît à mesure que l'utérus augmente de volume. La constipation est donc à la fois
cause et effet de la métrite ; cause par le congestion-
nement qu'elle fait subir à l'utérus et par l'accumulation dans le rectum de matières dures qui le
blessent ; effet par le poids du col ou du fond de
l'organe sur le rectum. Les polypes, les corps
fibreux, le cancer, les tubercules sont aussi des
causes de métrite chronique par la congestion et
l'inflammation qu'ils produisent. La métrite peut
être aussi secondaire et avoir son point de départ
dans un organe voisin.

## SYMPTOMES.

Lorsque la métrite chronique survient après la
métrite aiguë, ce qui est exceptionnel, tous les phénomènes franchement inflammatoires s'éteignent. La
fièvre intense, la douleur vive de l'hypogastre et du
sacrum, le ténesme du rectum et de la vessie, la température excessive des parties génitales externes et

du conduit vaginal disparaissent ; il ne reste qu'une sensation désagréable de plénitude et de pesanteur dans le bassin, quelquefois une émission difficile de l'urine, une défécation pénible, un écoulement muqueux et diverses douleurs dont le siége est variable. Le plus souvent cette maladie se développe lentement et d'une manière insidieuse sans passer par l'état aigu, sans que les malades puissent attribuer à l'utérus les diverses sensations anormales qu'elles éprouvent. Les douleurs sont les phénomènes qui préoccupent le plus les femmes, elles ont leur siége dans divers points. Soit dans la région lombo-abdominale d'où elles s'irradient dans les fesses et la partie postérieure des cuisses et quelquefois vers l'anus ; soit dans la région iliaque, surtout à gauche, d'où elles s'étendent au pli de l'aine et au haut des cuisses ; soit dans l'hypogastre. Ces douleurs peuvent être spontanées ou provoquées par le toucher ou par le palper abdominal ; elles s'exaspèrent de temps en temps, surtout à l'approche du flux cataménial. La marche, la fatigue, les ébranlements du corps les redoublent, l'éternument, la toux, les efforts de défécation sont suivis de la sensation d'un corps lourd qui pèse sur le plancher du bassin et provoque un besoin impérieux d'uriner ou d'aller à la selle. La position verticale sans mouvement ne peut être tolérée longtemps sans donner lieu à un malaise précordial qui peut aller jusqu'à la défaillance.

La sécrétion exagérée de la muqueuse utérine,

n'accompagne pas toujours cette affection, même
avec un engorgement considérable ; lorsqu'elle existe,
elle est plus ou moins abondante ; fournie par le
corps ou par le col, toutes deux à réaction alcaline ;
tandis que celle du museau de tanche, du vagin et
de la vulve est acide. Le mucus du corps à l'état
normal est liquide, transparent comme de l'eau, celui du col est visqueux, tenace, transparent ou demi-
transparent, il forme presque toujours à l'orifice un
bouchon glaireux qu'on a beaucoup de peine à déta-
cher par un pinceau. Si la sécrétion du corps est
seulement exagérée, le mucus sera clair, transparent, limpide, plus ou moins visqueux ; en se mêlant
à celui du col il pourra être lactescent, mucoso-purulent, à coloration blanche, jaunâtre ou verdâtre ;
il deviendra de plus en plus épais à mesure que les
globules de pus s'y mêleront en plus grande proportion.

La rougeur, les érosions, les ulcérations du col
sont presque toujours inséparables de l'engorgement
de la matrice. On a eu le tort autrefois d'accorder
une trop grande importance à ces lésions et de dé-
crire une métrite granuleuse, une métrite ulcé-
reuse, etc.

Aran pense, et nous sommes de son avis, qu'il n'y
a qu'une espèce d'altération qui passe par des états
différents, suivant l'ancienneté de la maladie et les
circonstances concomitantes. D'après nous, le col
étant tuméfié, le derme et les divers éléments qui le

constituent, follicules, villosités, le sont aussi ; l'épithélium lui-même qui est intimement uni au derme
et dont la production est sous sa dépendance, s'al-
tère ; la sécrétion de la muqueuse est viciée, cette
membrane est de plus constamment baignée par les
liquides également viciés du col et du corps qui l'ir-
ritent ; l'épithélium ne pouvant résister à ces causes
multiples de destruction, se détache par plaques
d'une étendue variable et l'érosion se produit ; le
derme étant alors mis à nu, les follicules muqueux
font de petites saillies granulées, ce sont les granulations folliculaires. On voit la reproduction de ce qui
se passe sur le derme de la peau après l'application
d'un vésicatoire, en tenant compte toutefois des
modifications qui résultent de la différence de structure de la peau et de la muqueuse. Si les follicules
se crèvent et s'ulcèrent, on voit apparaître de petites
ulcérations qui en se réunissant en plus ou moins
grand nombre, forment des ulcérations d'une étendue variable ; plus l'inflammation se prolonge, plus
les divers éléments du derme s'altèrent et deviennent méconnaissables ; en s'hypertrophiant, ils se
confondent et produisent ces excroissances sail-
lantes, appelées végétations ; crêtes de coq, fongosités.

Ces lésions, qui attiraient autrefois exclusivement
l'attention des médecins, doivent être prises aujour-
d'hui pour ce qu'elles valent : il faut assurément s'en
occuper ; mais elles ne sont nullement la source de

tous les maux que ressentent les femmes, elles ne sont qu'un épiphénomène d'une importance secondaire ; elles sont en général si peu profondes, qu'à l'autopsie on les découvre à peine, et souvent même on ne se douterait pas que le col a été malade si on ne l'avait constaté pendant la vie ; toutefois, si ces lésions du col doivent faire porter un diagnostic bénin, elles exigent qu'on s'en occupe sérieusement, et nous ne saurions partager l'opinion de ceux qui prétendent les faire disparaître très-promptement. Si cela peut être vrai pour les érosions très-légères, les granulations largement étendues sur le col et toujours liées à une métrite chronique intense ne cèdent que lentement à tous les moyens qu'on leur oppose, et ce n'est que lorsque la métrite elle-même se modifie, lorsque l'engorgement diminue, que cette ulcération qui en dépend se modifie manifestement aussi.

Pendant la métrite, la menstruation est très-irrégulière ; elle est ordinairement peu abondante, de peu de durée, elle est tantôt supprimée, tantôt très-abondante, presque toujours son approche est annoncée par un redoublement des symptômes de la maladie. A l'inverse de la métrite aiguë qui, par la congestion et l'augmentation de sécrétion du rectum, produit la diarrhée, la métrite chronique, étant accompagnée d'une augmentation de volume et d'un déplacement de l'organe vers le rectum, amène une constipation opiniâtre. Ce phénomène est si con-

stant, dit Scanzoni, que sa présence seule suffit pour
faire soupçonner la possibilité d'une maladie de matrice. Quelquefois l'utérus, en pesant sur la vessie,
rend l'émission des urines difficile et provoque le
ténesme, l'incontinence ou la rétention de ce liquide;
l'urine retenue trop longtemps dans son réservoir se décompose quelquefois, irrite la muqueuse
et détermine une inflammation catarrhale de la
vessie.

L'inflammation de la matrice se communique facilement aux trompes et aux ovaires, elle peut mettre un obstacle à la progression de la liqueur séminale et de l'ovule et à la fécondation. La stérilité
chez la femme est produite par une foule de causes
résidant dans un point de l'appareil générateur ; cet
appareil se composant de plusieurs organes, ovaires,
trompes, utérus, vagin, il suffit que l'un de ces organes soit lésé, pour que la fécondation puisse être
entravée. On peut reconnaître plusieurs sortes de
stérilité : la stérilité proprement dite et incurable,
lorsque les ovaires n'existent pas, lorsque leur tissu,
profondément altéré, ne produit pas d'ovules, ou
des ovules impropres à la fécondation. La stérilité
par obstacle mécanique ou par altération morbide
en dehors des ovaires. L'inflammation chronique de
l'utérus en gonflant les parois de cet organe peut
obstruer l'orifice du col ou des trompes et s'opposer
à l'introduction de la liqueur séminale, et si tous les
conduits sont perméables, cette liqueur peut être

altérée par la sécrétion exagérée ou viciée de l'utérus. Les cas de stérilité causée par l'engorgement
sont donc nombreux, nous en donnerons plus tard
deux observations.

En même temps que la métrite chronique on trouve
souvent une inflammation péri-utérine chronique
dont l'étiologie est du reste la même que celle de la
métrite; le doigt perçoit alors le plus souvent en
arrière du col ou sur ses côtés la sensation d'une tumeur dure, rénitente, plus ou moins volumineuse,
qui paraît faire corps avec l'utérus, et qu'il ne peut
déplacer. Nous avons rencontré un grand nombre de
fois cette inflammation compliquant l'engorgement
utérin, et nous en avons le plus souvent obtenu la
résolution par le traitement de la métrite parenchymateuse.

Aux symptômes locaux que nous venons d'étudier,
se joignent des symptômes généraux. Les fonctions
digestives sont toujours troublées plus ou moins profondément, suivant l'intensité de l'inflammation
utérine. Elles sont d'abord affaiblies, ensuite elles
s'accomplissent douloureusement; l'épigastre est
distendu par une accumulation de gaz, il y a des
éructations, de la céphalalgie, de la prostration et
une sensation illusoire de faim avec anéantissement
des forces. La nutrition se faisant imparfaitement,
l'embonpoint et la plasticité du sang diminuent, une
chloro-anémie survient, et avec elle ce facies jaune
sale terreux que l'on a appelé facies utérin. A me-

sure que la constitution s'affaiblit, les phénomènes nerveux se développent, on voit surgir des névralgies de toute nature, lombo-abdominales, faciales, intercostales, etc., une toux nerveuse appelée utérine; des palpitations, des étouffements, des envies de pleurer sans motif ou sous le prétexte le plus frivole. Les femmes les plus aimables deviennent acariâtres, indifférentes à tout ce qui les entoure, le sentiment de leurs plus chères affections s'éteint peu à peu, tout les ennuie et elles sont ennuyées d'elles-mêmes.

Tous les symptômes que nous venons d'énumérer suffisent assurément pour caractériser une affection de l'utérus, mais pour bien apprécier sa vraie nature, son étendue, il est indispensable d'avoir recours aux moyens explorateurs : la palpation abdominale, le toucher vaginal et rectal, l'application du spéculum, le cathétérisme utérin.

Le palper abdominal ne doit pas être négligé dans l'engorgement, il servira à exagérer la douleur dans les régions hypogastriques et ovariques, à constater quelquefois une augmentation de volume du fond de l'utérus, il faut l'associer au toucher pour mieux apprécier les dimensions de la matrice. Le moyen explorateur le plus fidèle est certainement le toucher vaginal, par lui on apprécie le volume, le poids, la consistance, le degré d'abaissement ou de déviation, la sensibilité de l'organe. Dans la métrite chronique, l'utérus étant toujours abaissé par son poids exagéré, le doigt l'atteint facilement et arrive presque toujours sur la face antérieure de son corps, à cause de son antéversion presque constante. Cette partie de l'utérus qu'il atteint forme une tumeur dure, rénitente, peu sensible, qu'il déplace plus ou moins facilement; toutes les fois que le doigt ne peut pas déplacer la partie de l'utérus qu'il atteint, cette immobilité est produite par une inflammation péri-utérine qui attache l'utérus au tissu cellulaire enflammé qui l'entoure. En pénétrant en arrière et en haut le doigt explore le col toujours plus volumineux qu'à l'état normal, plus ou moins déformé ; chez les femmes qui ont eu des enfants, il sent les irrégularités, les déchirures des lèvres du museau de tanche. Ces irrégularités qui paraissent considérables au doigt ne sont le plus souvent pas reconnaissables à l'œil à cause du boursouflement de la muqueuse qui les recouvre. Le doigt ne perçoit pas les érosions et les granulations du col; cette partie de l'utérus est ordinairement peu sensible, tandis que la pression sur le corps détermine une douleur d'une intensité variable.

Le toucher rectal qui inspire une grande répugnance aux femmes doit être employé dans certains cas, lorsque l'exploration de la face postérieure de l'utérus et de ses bords latéraux devient nécessaire. Ce toucher est donc un auxiliaire très-précieux du toucher vaginal et peut faire reconnaître la présence des ovaires tuméfiés et descendus sur les côtés de l'utérus, et les tumeurs rétro-utérines solides ou liquides. L'application du spéculum qu'il ne faut jamais faire sans avoir pratiqué le toucher pour s'assurer de la position du col, complète le diagnostic de la métrite chronique, par les signes que la vue peut ajouter au toucher ; il ne permet de voir que le col ou la partie antérieure ou postérieure du corps qui se présente directement devant lui ; il fait constater l'augmentation de volume de la portion vaginale du col, sa coloration, sa sécrétion, l'état des lèvres rouges ou violacées de l'orifice utérin, les érosions, les granulations, le boursouflement de la muqueuse ; il sert aussi à porter directement sur lui des médicaments ou des instruments chirurgicaux. Nous nous servons habituellement du spéculum bivalve qui permet de mieux saisir le col fortement dévié ou d'un volume considérable ; à l'aide du spéculum plein on ne parvient à saisir le col qu'avec une grande difficulté et qu'après avoir fait faire à l'instrument des manœuvres souvent douloureuses et qui froissent les parties malades. On rencontre même des cas, comme celui de l'hypertrophie du col, avec déviation très-prononcée dont nous donnerons plus loin une observation, où le spéculum plein ne pourrait pas saisir le col. Ce spéculum est surtout utile lorsqu'il faut examiner des femmes dont les parois vaginales relâchées et très-grasses font saillie entre les deux valves, au point de masquer complétement le museau de tanche.

Nous n'avons recours au cathétérisme utérin que très-rarement; il peut cependant être très-utile dans certains cas de métrite pour explorer la cavité utérine, pour s'assurer de la vacuité, de la profondeur de cette cavité, des dimensions de l'utérus, pour connaître le degré de sensibilité de la muqueuse intra-utérine, avant d'y porter un caustique dans les métrites compliquées de catarrhe opiniâtre. Nous nous servons de sondes en caoutchouc de divers calibres que l'utérus supporte mieux que les métalliques, après nous être assurés qu'il n'y a aucun signe de grossesse; la cavité utérine étant toujours agrandie dans la métrite chronique, la sonde pénètre presque toujours librement.

La métrite est accompagnée de symptômes tellement clairs qu'il est ordinairement facile de la reconnaître. Des polypes et des corps fibreux, faisant saillie dans la cavité utérine, pourraient rendre le diagnostic difficile et douteux, parce qu'ils provoquent eux-mêmes une inflammation chronique de l'utérus, mais ils sont accompagnés de violentes hémorrhagies, de fortes coliques utérines et la sonde rencontrerait un obstacle à son introduction. On pourrait confondre l'engorgement avec une grossesse commençante. Mais alors la muqueuse vaginale est violacée, le museau de tanche diminue de longueur, les seins deviennent plus volumineux, etc. Le cancer non ulcéré de la portion inférieure du col et du corps peut induire le médecin en erreur à cause de l'extrême dureté de ces parties, dureté que l'on rencontre quelquefois dans l'engorgement. Nous avons vu plusieurs fois de ces indurations excessives se modifier par l'action du traitement et dissiper les doutes qui nous tourmentaient.

La marche de la métrite chronique est insidieuse, lente ; à l'époque des règles, les femmes éprouvent des exacerbations que produit l'afflux du sang vers l'organe gestateur ; tantôt ce sont les phénomènes locaux qui prédominent, alors douleurs de bas-ventre, douleurs de reins, tiraillements dans les aines, flueurs blanches, etc. ; tantôt les phénomènes généraux : troubles digestifs, troubles nerveux. Plus la maladie est ancienne, plus on trouve de lésions, elle n'a pas de tendance à la guérison spontanée, et après le traitement, lorsqu'on peut considérer la malade comme guérie, l'utérus conserve toujours un volume un peu plus grand qu'à l'état normal ; c'est ce qui explique pourquoi cette maladie peut se reproduire facilement sous l'influence des mêmes causes qui l'avaient fait naître. Comme dans toutes les maladies, il faut dans celle-ci tenir compte des divers tempéraments et de la constitution des malades ; les personnes scrofuleuses, lymphatiques ou en proie à une diathèse quelconque n'obtiendront une guérison qu'avec une très-grande difficulté.

## DÉVIATIONS UTÉRINES.

Avant d'étudier le traitement de la métrite chronique parenchymateuse, nous allons donner quelques considérations sur les déviations utérines dont le traitement doit être le même que celui de la métrite.

On a accordé beaucoup trop d'importance à la direction de l'axe de l'utérus ; les observateurs n'ont pas pu s'entendre sur cette direction ; cela devait être, à cause de l'extrême mobilité de la matrice. M. Cruveilhier a fini par dire avec raison que l'utérus n'a pas d'axe. Ce qui le prouve, c'est qu'à l'état normal il peut prendre diverses positions suivant que la femme est debout, couchée sur le dos, sur le côté, ou sur l'abdomen. Dans la station, il est abaissé et rapproché de la vulve par son propre poids et par celui des viscères abdominaux qui pèsent sur lui. A l'état sain, il est si petit qu'il peut accomplir des mouvements dans toutes les directions, sans que la femme en ait conscience et sans qu'aucun phénomène pénible se manifeste. En raison de cette mobilité, en raison des dimensions du bassin, de l'étendue des ligaments, la matrice sera chez tel ou tel sujet, plutôt en antéversion ou plutôt en rétroversion, plus ou moins abaissée, sans que ces diverses situations cessent d'être normales ; on a donc eu tort d'accorder de l'importance à ces déviations, et on ne l'a fait que parce qu'on partait d'un principe faux en voulant que l'utérus, organe essentiellement mobile, eût une situation invariable. Mais qu'un engorgement survienne, que la matrice prenne de plus grandes dimensions qui rendront sa mobilité moins grande dans un espace qui ne peut s'agrandir, que son poids soit considérablement augmenté, elle souffrira, non-seulement à cause des changements survenus dans sa texture, mais encore à cause du contact qu'elle subira des organes voisins; ces organes, subissant eux-mêmes l'inflammation qu'on peut appeler de voisinage, seront froissés à leur tour par le contact d'un organe plus ou moins dur, plus ou moins lourd auquel ils n'étaient pas accoutumés. Or, comme nous avons vu plus haut que l'utérus est normalement chez certaines femmes en antéversion, chez d'autres en rétroversion, quand une métrite chronique se déclarera, ces positions seront exagérées et, d'innocentes qu'elles étaient, deviendront douloureuses pour la matrice et pour les parties qui l'entourent. Dans la rétroversion, le corps pèsera sur le rectum, et le col comprimera la vessie ; dans l'antéversion le corps pèsera sur la vessie et le col comprimera le rectum, ces déviations mettront un obstacle à la sortie des matières et au libre cours des urines.

Pour nous toute déviation qui occasionne des souffrances est accompagnée d'une métrite chronique; la preuve en est que dans ce cas tous les symptômes de la métrite apparaissent d'une manière d'autant plus manifeste que la déviation est plus prononcée; il ne faut donc nullement s'occuper du traitement de la déviation; mais bien du traitement de la métrite, et lorsqu'on est parvenu à faire disparaître cette dernière affection, les souffrances disparaissent aussi, et la constitution se rétablit; la déviation n'en persiste pas moins au même degré qu'avant l'invasion de la maladie, mais sans que la femme en soit tourmentée. Un phénomène qui persiste quelquefois pendant un temps assez long, c'est l'abaissement de l'utérus; tous ses ligaments ronds, larges, utéro-sacrés, ont été distendus pendant long-temps par le poids de la matrice hypertrophiée et ne reprennent leur élasticité que lentement. Lorsque l'organe utérin a été fortement porté en bas, et que le relâchement des ligaments et des divers tissus a été excessif, ils ne peuvent revenir sur eux-mêmes et l'on est obligé d'employer les divers moyens mécaniques de contention, les pessaires; leur emploi n'est indispensable que pour les abaissements considérables et pour les chutes de la matrice, il faut les proscrire pour les autres déviations, car ces instruments, sous quelque forme qu'ils soient, non-seulement n'atteignent pas le but qu'on se propose de leur faire atteindre, mais encore ils font naître ou ils augmentent l'intensité de la métrite par l'irritation que produit leur contact sur l'utérus. Que si l'on veut réfléchir à l'action des pessaires, abstraction faite du froissement qu'ils produisent sur les organes génitaux, on verra qu'ils n'ont d'autre action que celle de soulever l'utérus en entier dans la position déviée qu'il occupe, sans pouvoir le redresser: le doigt peut bien, il est vrai, le redresser après avoir fait basculer le corps en agissant sur le col; mais le col est si peu proéminent que le pessaire ne peut le faire changer de direction, du moins d'une manière permanente, et par suite entraîner le changement de position du corps. Le redresseur utérin ou pessaire intra-utérin de Simpson, modifié par Valleix, dont on a fait une très-juste critique, est complétement abandonné aujourd'hui ; non-seulement il était moins inoffensif que ne le prétendaient les inventeurs, puisqu'il a produit plus d'une fois des métrites et des péritonites même ; mais l'utérus redressé par la tige reprenait sa situation vicieuse dès qu'il n'était plus soutenu par elle ; et le soulagement qu'éprouvaient certaines femmes devait être attribué au soulèvement de l'utérus dont le poids ne froissait plus les organes voisins et ne tiraillait plus ses ligaments. D'ailleurs, la mémorable discussion de 1854 qui suivit le rapport de M. Depaul à l'Académie impériale de médecine (1) a complétement jugé cette méthode. Le rapporteur, en passant en revue les observations des divers praticiens, a parfaitement fait ressortir les inconvénients de ce mode de traitement et le peu de résultats qu'il avait donné.

Tout ce que nous avons dit des déplacements de l'utérus peut s'appliquer à ses inflexions ; nous n'avons pas à nous occuper de l'origine, toujours fort obscure, de ces courbures plus ou moins prononcées, les unes sont congénitales, d'autres ont une

(1) *Bulletin de l'Académie impériale de médecine,* t. XIX, p. 742 et suivantes.

origine qui nous échappe complétement ; mais il est bien certain qu'à l'autopsie on en découvre un grand nombre, qui, pendant la vie, n'avaient donné aucun signe de leur existence. Les inflexions ne réclament un traitement que lorsqu'elles produisent des symptômes douloureux, et alors elles sont accompagnées d'une métrite chronique, et c'est contre elle qu'il faut diriger les moyens thérapeutiques. Pour les inflexions comme pour les déviations, les souffrances cessent avec le traitement de la métrite, l'inflexion persiste sans que la malade s'en doute et sans que le médecin ait à s'en préoccuper.

D'après ce qui précède, nous pouvons établir les propositions suivantes :

1° L'utérus sain est si peu volumineux qu'il jouit de la plus grande mobilité dans le bassin et qu'il peut prendre toutes les positions sans douleur, toutes les déviations sont donc indolentes lorsque l'utérus n'est pas malade.

2° Toutes les fois qu'une déviation est accompagnée de phénomènes morbides, ces phénomènes sont les symptômes de la métrite chronique dont la femme est atteinte.

3° La déviation est produite par l'engorgement ou seulement exagérée par lui, si elle existait avant l'invasion de la métrite.

4° Dans toute déviation douloureuse, on ne devra nullement traiter la déviation, mais bien la métrite chronique.

5° Après la guérison de la métrite, la déviation persistera au même degré qu'avant la métrite, mais sans douleur.

## TRAITEMENT.

La femme qui naturellement est douée d'un tempérament lymphatique, la prédisposant à la chlorose, devient invariablement chlorotique ou anémique quand elle est affectée d'une métrite chronique de longue durée. Cette anémie est plus ou moins prononcée ; chez certaines femmes elle est entourée de tous ses signes caractéristiques : pâleur, palpitations, gastralgie, appétits bizarres, caractère irrégulier, névralgies de toute espèce ; chez d'autres le signe le plus apparent, la pâleur, fait défaut, surtout quand la maladie est peu profonde. Un très-grand nombre de femmes même, quoique jouissant d'un embonpoint extraordinaire, n'en sont pas moins chlorotiques, ce que l'on reconnaît à la pâleur du sang menstruel surtout, et quelquefois au bruit de souffle des gros vaisseaux. Mais lorsque l'organe utérin est profondément lésé, la figure revêt une expression de tristesse et une coloration jaune terreux qui à elle seule fait pressentir la lésion de l'organe générateur. Sur toutes ces femmes le traitement tonique par les ferrugineux, le quinquina, les sulfureux, les iodés, produit le meilleur effet, il devient le complément indispensable du traitement local ; ce dernier modifie très-heureusement la partie

malade, et les toniques, en réparant les forces, en
fortifiant tous les organes et l'utérus lui-même, lui
donnent plus de vitalité et contribuent à activer la
résorption des matières plastiques que l'inflammation chronique a déposées dans son tissu.

La thérapeutique des maladies de l'utérus est
encore peu avancée malgré les progrès qu'elle a
faits depuis que les altérations des organes sexuels
ont été mieux étudiées et mieux connues. Il en est
de ces organes comme des organes internes, ils sont
trop profondément situés pour recevoir l'action directe des moyens thérapeutiques locaux ; les ovaires,
les trompes, les ligaments, le corps et une partie du
col échappent à notre action directe qui ne peut être
reçue que par la portion intra-vaginale du col ; aussi
toute la thérapeutique locale s'est-elle portée sur
elle, mais combien sa surface est peu étendue lorsqu'on la compare au volume des organes intérieurs
enflammés !

Les malades devront habiter un lieu sec, aéré,
exposé aux rayons du soleil ; l'air de la campagne
leur sera très-favorable lorsqu'elles pourront le res-
pirer. Le repos absolu que l'on recommandait autrefois et que Lisfranc exigeait, n'est pas utile, il est
même nuisible, car la digestion, si pénible dans cette
affection, devient par l'immobilité plus pénible encore, la femme s'étiole, l'anémie s'accroît et entraîne
à sa suite les nombreux malaises qui ne l'abandon-
nent jamais ; la privation de distractions oblige la

malade à s'occuper sans cesse de son mal, et à s'en exagérer la gravité. La position horizontale n'est de rigueur que pendant les recrudescences, que lorsque tous les symptômes morbides redeviennent presque aigus et se font douloureusement sentir. Il faut éloigner de la malade tout ce qui peut éveiller les désirs vénériens afin d'éviter la congestion utérine. Le coït doit être prohibé lorsqu'il est douloureux, surtout dans les périodes presque aiguës. Mais lorsque les douleurs de la métrite diminuent et que l'amélioration du mal est bien prononcée, on peut permettre les rapports sexuels avec modération aux personnes impressionnables dont les désirs sont impérieux; elles doivent au moins les essayer et y renoncer s'ils produisent de fâcheux effets.

Les aliments devront être réparateurs et substantiels; les viandes noires et saignantes, il faudra en faciliter la digestion par un vin généreux, le bordeaux, des eaux gazeuses, ferrugineuses, de Vichy; nous ne prescrivons les aliments légers, les viandes blanches que pendant les crises, lorsque l'estomac ne peut pas supporter les aliments trop nutritifs. Nous repoussons d'une manière absolue les émissions sanguines générales, nous n'avons jamais rencontré de ces cas où elles fussent nécessaires. Nous employons souvent les émissions locales sur le col à l'exemple de Duparcque, Scanzoni, Aran; nous en avons obtenu des effets surprenants, les douleurs les plus aiguës sont très-souvent enlevées subitement par une seule

émission de sang. Dans les engorgements volumineux, nous faisons quelquefois deux ou trois applications de huit ou dix sangsues, même chez les
personnes étiolées, et loin d'en être affaiblies, elles
en retirent une certaine énergie que les douleurs
persistantes leur avaient retirée depuis longtemps ;
nous devons même dire que dans les engorgements
considérables il faut toujours commencer le traitement par là, dans les nombreuses applications de
sangsues que nous avons faites sur le col, nous n'a-
vons jamais vu survenir d'accidents ; des auteurs très-
recommandables, tels que Dugès, Boivin, Chomel,
Lisfranc, les rejettent en leur attribuant des inconvénients que nous n'avons pas observés ; quelques
praticiens craignent à tort que les piqûres ne se chan-
gent en ulcérations ; l'application se fait sans que les
malades en ressentent la moindre impression pénible.

Les grands bains légèrement sulfureux ou alcalins
à la température de 25 ou 26 degrés et de courte
durée, produisent de très-bons effets. Nous conseil-
lons les bains de siége narcotiques avec les feuilles
de morelle ou de belladone, une ou deux fois par
jour ; ils engourdissent les douleurs et permettent
aux malades d'attendre plus patiemment le résultat
d'un traitement toujours long. Nous prescrivons les
injections vaginales avec l'eau froide du bain de
siége. Lorsque les douleurs sont moins vives et que
par tous les moyens appropriés, l'état indolent a suc-
cédé à l'état douloureux, il faut employer les injec-

tions astringentes à forte dose; nous nous servons,
suivant les cas, du perchlorure de fer, de la ratanhia, du tannin, du sulfate de fer, du sulfate
d'alumine et de potasse, etc., et il n'est pas indiffé-
rent de se servir de telle ou telle substance astrin-
gente, le choix de l'une d'elles suivant l'état de
l'engorgement et suivant la susceptibilité de la malade
est de la plus haute importance ; lorsque l'action de
l'une est épuisée, on a quelquefois recours avec
succès à une autre, bien que renfermant un principe moins actif. Nous rejetons totalement, pour
faire ces injections, les seringues en plomb ou en
verre à canules solides et même en caoutchouc,
parce qu'elles ne contiennent que très-peu de liquide, et qu'il est difficile d'en faire mouvoir le
piston sans secousses; nous recommandons, nous
exigeons même, l'emploi de l'irrigateur Eyguisier,
dont le mécanisme est simple et ingénieux. Ces injections doivent être prises ordinairement trois fois
par jour, excepté pendant la période menstruelle.
Nous introduisons quelquefois dans le vagin, à l'aide
du spéculum, des cataplasmes demi-liquides dans
un sac de mousseline, mais ce n'est que lorsque le
canal utéro-vaginal est très-irrité, et fait éprouver
une sensation de brûlure insupportable.

La constipation qui est presque inséparable de la
métrite chronique est tellement opiniâtre, qu'il faut
la combattre avec acharnement par la magnésie cal-
cinée, l'huile de ricin à petite dose, une cuillerée à

café chaque matin ; par la poudre de belladone à faible dose, etc. Les femmes devront se présenter à la selle tous les jours à heure fixe, elles feront quelques efforts de défécation, qu'elles feront suivre d'un lavement simple s'ils sont sans résultats ; en opérant de la même manière pendant quelques jours, la plupart des malades obtiennent des selles régulières. Lorsque les diverses douleurs sont très-vives et que les bains de siége narcotiques ne parviennent pas à les calmer, nous portons sur le col un tampon enduit d'une pommade narcotique à la jusquiame, à la belladone, à l'opium, au datura, etc. Nous faisons en même temps des frictions narcotiques sur les points douloureux, et si les douleurs persistent nous les attaquons avec des mouches de Milan renouvelées plusieurs fois. Tous ces moyens ne sont que des palliatifs et les douleurs étant sous la dépendance de la métrite chronique, ne disparaîtront tout à fait que lorsque celle-ci aura été guérie.

Aux divers moyens locaux dont nous avons parlé, nous ajoutons le traitement local par excellence selon nous, celui qui consiste à porter directement sur le col des substances dérivatives produisant l'effet des exutoires. Aran avait préconisé les petits vésicatoires sur le col, nous les avons employés sans résultat. Pour arriver au même but, nous employons en très-grande quantité les substances astringentes pulvérulentes les plus énergiques, le tannin, le sulfate d'alumine et de potasse, la ratanhia, etc., soit pures, soit combinées entre elles, soit mitigées par des substances inertes. A l'aide de ces médicaments, nous provoquons une dérivation puissante du corps vers toute la portion vaginale du col et vers toute la muqueuse du vagin qui l'entoure. Ce traitement a deux actions, l'une dérivative, c'est la principale, l'autre locale. La première produit une diminution de volume de tout l'utérus, la deuxième modifie la muqueuse du col recouverte de granulations ou d'ulcérations ; toutefois ces dernières lésions ne marchent rapidement vers la guérison que lorsque le volume exagéré de l'utérus qui les tient sous sa dépendance a été réduit en partie par l'action dérivative.

Les divers caustiques que nous employons quelquefois agissent aussi comme modificateurs de la surface du col, mais bien plutôt comme dérivatifs quand ils sont énergiques. Lorsque l'engorgement est considérable même avec la muqueuse du col saine, quelques chirurgiens la cautérisent profondément afin d'obtenir une escarre et de la suppuration, ils espèrent qu'une action dérivative aura lieu du corps vers le col. Assurément ces cautérisations sont très-utiles, indispensables même dans certains cas, mais tout en reconnaissant les services qu'elles peuvent rendre, nous nous sommes efforcé d'obtenir des effets dérivatifs extrêmement énergiques par les astringents tels que nous les employons, afin de restreindre l'emploi des caustiques. Ces derniers doivent néanmoins être préférés aux astringents pour modifier un col fongueux, saignant, et recouvert de fortes excroissances charnues. Si nous établissons un parallèle entre les divers caustiques, le cautère actuel surtout et les astringents, nous dirons qu'ils possèdent tous une action dérivative et une action modificatrice locale, que lorsqu'on désirera une dérivation énergique il faudra la demander aux astringents, dont l'action modificative locale suffira aussi le plus souvent ; mais que lorsqu'on voudra obtenir une modification profonde du col fongueux, les caustiques violents, le cautère actuel surtout, devront être préférés.

Afin de porter dans l'intérieur du col des substances astringentes, et surtout la pâte de Vienne, nous avons fait construire des pinces dont les deux branches sont creuses pour recevoir les médicaments, elles sont percées d'une petite ouverture arrondie à leur extrémité et de plusieurs ouvertures chacune dans une longueur de quelques centimètres pour permettre aux agents médicamenteux qu'elles contiennent de se mettre en contact avec la muqueuse du col. Dans la métrite chronique, l'orifice externe du col étant toujours dilaté, l'introduction de ces pinces dont les mors sont de divers calibres, s'opère toujours sans difficulté. Nous avons dit que dans quelques cas très-rares de métrite, il faut avoir recours à la cautérisation actuelle qui procure aux malades plus d'effroi que de douleurs. Espérons que l'emploi du feu ne sera plus un sujet d'épouvante pour les femmes lorsque l'appareil de M. Middeldorpf aura atteint le degré de perfection qui lui manque encore. Pour cautériser superficiellement la muqueuse du col, nous nous servons du nitrate d'argent liquide concentré, nous le laissons pendant quelques minutes en contact avec elle. Nous avons eu rarement l'occasion de faire usage des cautérisations et des injections intra-utérines, le catarrhe utérin qui accompagne souvent la métrite chronique parenchymateuse ayant presque toujours disparu par les autres moyens de traitement. Bien que Vidal de Cassis, Aran, Nonat les considèrent comme inoffensives, nous avons été témoin après leur emploi de douleurs tellement vives dans le bas-ventre, qu'elles pouvaient faire craindre une péritonite.

Le traitement moral est extrêmement important, il faut que la personne qui se confie aux soins du médecin ait une foi aveugle dans ses conseils, il faut qu'il puisse la dissuader des craintes exagérées qu'elle éprouve, et chacun sait combien est grande la frayeur de la plupart des femmes affectées d'une maladie des organes génitaux. Le médecin doit inspirer à sa malade une entière confiance pour qu'elle se soumette à un traitement qui offense sa pudeur et pour qu'elle suive avec exactitude des prescriptions toujours de longue durée.

Nous avons obtenu des résultats remarquables de l'électricité que nous employons souvent, soit pour

combattre des douleurs opiniâtres que les autres
moyens ne pouvaient enlever ; soit comme excitant
général pour éveiller la sensibilité émoussée de
l'utérus. Nous l'employons souvent directement sur
le col, nous donnons à la malade un des excitateurs
à tenir et nous portons nous-même l'autre sur le
museau de tanche qui n'en est pas douloureusement
impressionné. L'électricité, qui doit être considérée
comme un auxiliaire du traitement général, ne doit
être appliquée qu'à la fin de la maladie pour donner
plus de vitalité à l'organe utérin et contribuer à faire
résorber la lymphe plastique qu'il contient encore
dans son tissu. L'hydrothérapie, les bains de mer,
les bains frais, ont une action tonique puissante que
nous utilisons à la fin du traitement pour mieux
affermir la guérison en fortifiant tout l'organisme.

Le nombre des malades que nous avons soignées
pour des affections utérines est très-considérable.
Les trois quarts étaient atteintes de métrite chronique ; nous avons choisi quelques-unes des nombreuses observations que nous possédons, pour les
mettre sous les yeux du lecteur en nous appliquant
à réunir dans un petit nombre d'exemples les diverses variétés de métrite parenchymateuse chronique.

## OBSERVATION I.

*Métrite parenchymateuse chronique, sans écoulement et sans
ulcérations du col.*

Madame G., âgée de 44 ans, jouissant d'un embonpoint
remarquable et d'une bonne constitution, mère de trois enfants, souffrait depuis six ans, dans la région ovarique gauche,
d'une douleur vive que l'on avait traitée plusieurs fois sans
résultat par des applications de sangsues sur le point endo-
lori. Elle se plaignait aussi de douleurs dans les reins et d'un
sentiment de gêne dans le bas-ventre, mais sans écoulement;
la moindre marche, la moindre fatigue lui occasionnaient
une grande suffocation et de fortes palpitations. La digestion
était pénible et les selles difficiles. D'après l'ensemble de ces
symptômes, nous diagnostiquâmes une métrite chronique.
Madame G. parut tout étonnée de notre manière de voir; cependant elle se soumit à notre examen. Au toucher, le col
était fortement dévié à gauche et difficilement accessible ; il
était volumineux, mâché sur les bords, peu sensible, la face
antérieure du corps que le doigt rencontrait immédiatement
et peu profondément était fortement arrondie, dure, rénitente, sensible à la pression et peu mobile. Nous eûmes quelque difficulté pour engager dans le spéculum le col tuméfié,
fortement porté en arrière, dont les lèvres étaient rouges,
boursouflées, mais sans excoriations. La sonde utérine accusa
une profondeur de l'utérus de 8 centimètres et demi.

Nous avons soumis cette dame à un traitement tonique et
fondant par le fer, le quinquina, l'iodure de potassium, à des
laxatifs répétés pour combattre la constipation, à un traitement local astringent, aux injections astringentes, à des bains
de siége narcotiques. A mesure que la matrice diminuait de
volume sous l'action du traitement, elle remontait, les douleurs ovariques et lombaires cédaient, les selles se régulari-

saient, les étouffements et la palpitation disparaissaient, et
après trois mois environ, cette personne était guérie d'une
maladie dont elle ne soupçonnait pas la cause et qui la tour-
mentait depuis six années. Pendant toute la durée de son
traitement, nous l'avons obligée à faire chaque jour une
marche modérée; nous lui avons conseillé l'usage des bains
de mer après la guérison.

## OBSERVATION II.

*Métrite chronique avec ulcérations du col et écoulement mucoso-
purulent, tumeur de la région ovarique droite.*

Madame T., âgée de 28 ans, d'un tempérament bilieux,
ayant eu sept enfants, avait été traitée, en 1856, pour une
maladie de matrice; cinq ans plus tard, elle était soignée
pour une constipation opiniâtre, occasionnée par un rétré-
cissement de la partie moyenne du rectum, dont on ne put
triompher que par l'introduction d'une grosse sonde en
caoutchouc.

Lorsqu'elle s'adressa à nous, elle était alitée depuis plusieurs mois, elle était anémique, très-amaigrie, consumée par
une fièvre lente; en se levant pour aller à la selle, elle ressentait dans tout le bas-ventre une douleur très-vive qui envahissait tout le côté droit de l'abdomen, les reins et le haut des
cuisses; elle ne pouvait supporter la moindre pression sur la
région ovarique droite, au niveau de laquelle on sentait, à
travers les parois abdominales, une tumeur de la grosseur
d'un œuf, extrêmement douloureuse.

Le toucher vaginal éveillait une telle souffrance, qu'au
premier examen nous ne pûmes faire une exploration complète. Le lendemain, nous trouvâmes l'utérus en antéversion,
et la partie du corps qui se présentait, dure, volumineuse,
rénitente et très-douloureuse. Le col, que le doigt atteignait

difficilement, était dur, mâché, le spéculum le montrait rouge, couvert de granulations.

Nous fîmes appliquer immédiatement, sur la tumeur abdominale, trois mouches de Milan que nous renouvelâmes plusieurs fois ; après la douleur diminua. Elle prit à l'intérieur le fer, l'extrait de quinquina, l'iodure de potassium, l'eau de Vichy. Nous fîmes sur le col des pansements réguliers, légèrement astringents d'abord, maintenus par un tampon de coton enduit de pommade de belladone. Le vingtième jour, Madame T. se levait ; toutes les douleurs violentes étaient calmées, l'appétit était revenu, la physionomie avait repris sa vivacité ; le quarantième jour, elle venait nous trouver chez nous, et le soixantième elle était tout à fait bien et partait pour la campagne.

## Observation III.

*Métrite chronique avec ulcérations et écoulement.*

Madame G., âgée de 35 ans, d'un tempérament lymphatique, avait eu trois enfants ; depuis son dernier accouchement, c'est-à-dire depuis neuf ans, elle éprouvait des souffrances générales dont le point de départ était dans le ventre, et dont elle se plaignait de plus en plus. La marche était très-difficile et la natation, que cette dame aimait beaucoup, était impossible ; elle avait dans le bas-ventre un poids considérable d'où naissaient des douleurs de reins, du haut des cuisses et de l'ovaire gauche.

L'utérus était volumineux, dur, peu sensible au toucher, le col couvert d'ulcérations, baigné par un écoulement mucoso-purulent très-abondant. Le sang menstruel était régulier, mais pâle. Elle rendait, à des époques indéterminées, tous les deux ou trois mois, environ un verre de liquide séreux, sécrété par le corps de l'utérus.

Nous prescrivîmes à l'intérieur le fer, le quinquina, l'iodure de potassium ; nous fîmes sur le col des pansements fortement astringents, et après trois mois de traitement elle était rétablie et nous l'envoyions aux bains de mer.

## OBSERVATION IV.

*Métrite chronique avec écoulement et ulcérations.*

Madame D., âgée de 29 ans, ayant les apparences d'une bonne santé, mère de trois enfants, ressentait depuis son dernier accouchement, c'est-à-dire depuis trois ans, des tiraillements dans les reins, une pesanteur dans le bas-ventre et sur le siége ; elle ne pouvait tenir la position verticale sans être prise d'un malaise précordial très-grand ; la menstruation était régulière, mais le sang pâle ; elle avait un écoulement mucoso-purulent abondant et épais, une constipation opiniâtre, de fortes palpitations pour peu qu'elle fît de mouvements. Son caractère, naturellement très-gai, était devenu triste, irrégulier à mesure que son affection utérine avait fait des progrès.

Au toucher, la matrice était abaissée, lourde, dure ; au spéculum, le col était gros, son orifice entr'ouvert laissait échapper un écoulement abondant, le pourtour en était couvert de granulations dans une étendue d'une pièce de deux francs environ. Par les toniques à l'intérieur, fer, quinquina, par l'eau de Vichy, pour faciliter la digestion, les forces se sont relevées et tous les symptômes chlorotiques ont disparu. Le traitement local par les astringents, par les injections et les bains de siége, a guéri les granulations, l'écoulement, tous les phénomènes concomitants, et a rendu à l'utérus son volume normal. Deux mois et demi de traitement ont suffi pour rétablir la santé de cette dame.

## Observation V.

*Métrite chronique avec ulcérations et hémorrhagie.*

Madame R., âgée de 24 ans, lymphatique, avait eu un enfant. Depuis une fausse couche qu'elle avait faite deux ans avant notre première visite, elle était en proie à des émotions vives, à de violents chagrins, et elle voyait son sang deux fois par mois et très-abondamment. Quand nous la vîmes, elle avait une très-forte perte rouge qui la retenait au lit, elle était très-amaigrie, très-pâle. Elle se plaignait d'une douleur lombaire et d'une douleur ovarique gauche qui l'empêchaient de marcher et d'une sensation pénible au creux de l'estomac. Nous nous hâtâmes d'arrêter le sang par un tamponnement, par le seigle ergoté et le chlorure de fer à l'intérieur. Quelques jours après, le doigt nous apprit que l'utérus était très-lourd, très-dur, et que le col était tuméfié. Au spéculum, l'orifice utérin était entr'ouvert, fortement ulcéré, et laissait écouler quelques glaires épaisses.

Nous prescrivîmes des toniques, les ferrugineux, une alimentation substantielle. Nous portâmes directement et fréquemment sur le col des substances astringentes, nous conseillâmes des injections froides, des bains de siége froids, et, après trois mois de traitement, cette dame jouissait de la meilleure santé et la menstruation s'était parfaitement régularisée.

## Observation VI.

*Métrite chronique avec hypertrophie du col et hémorrhagie.*

Madame V. de Saint-Marcel, âgée de 24 ans, mariée depuis neuf mois, d'une bonne constitution, avait une menstruation très-irrégulière depuis plusieurs années; elle voyait son sang deux ou trois fois par mois, quelquefois même il durait pendant un mois entier. Lorsqu'elle est venue à nous, elle avait une perte rouge qui ne s'était pas arrêtée depuis son mariage, c'est-à-dire depuis neuf mois; nous fûmes moins heureux pour l'arrêter que chez la dame de l'observation précédente; le perchlorure de fer, le seigle ergoté, le tamponnement ne l'arrêtaient que pendant quelques jours. Nous avons profité d'un moment d'arrêt pour examiner le col, il était entièrement hypertrophié, il avait une longueur de 6 centimètres, il était épais, arrondi, et faisait une très-forte saillie dans le spéculum; l'orifice arrondi était ouvert, violacé, couvert de fongosités qui saignaient au moindre contact et qui se prolongeaient dans la cavité du col. Le corps de l'utérus était petit et paraissait peu engorgé.

Les médicaments internes, les astringents à haute dose et les caustiques légers n'ayant pas suffi pour arrêter le sang, nous avons eu recours au caustique de Filhos sans résultat, et enfin au cautère actuel que nous avons introduit sous forme de tige cylindrique, à 4 centimètres dans la cavité du col. Après la première cautérisation, le sang s'est complétement arrêté pour ne reparaître qu'à l'époque menstruelle suivante; les fongosités extérieures se sont modifiées très-sensiblement, et après six cautérisations de la même nature le col était sain, il conservait son hypertrophie congéniale que rien ne pourra supprimer et dont cette dame ne souffre nullement. Les forces que lui avaient enlevées les pertes sont revenues et aujourd'hui, après deux mois de traitement, elle est guérie d'une affection grave et ancienne, que le cautère actuel seul a pu vaincre.

## OBSERVATION VII.

*Métrite chronique avec fongosités du col et hémorrhagie.*

Madame S., d'un tempérament sanguin, âgée de 30 ans, était constamment dans le sang depuis un accouchement laborieux qu'elle avait eu dix-huit mois auparavant. Elle avait été vue par plusieurs médecins lorsqu'elle s'adressa à nous. Le doigt introduit dans le vagin ne reconnaissait pas de col, à sa place était une masse charnue et fongueuse ; le spéculum ne faisait découvrir que des tissus fongueux et saignants. Le corps de l'utérus était dur et pesant.

Nous prescrivîmes le seigle ergoté à haute dose à plusieurs reprises, et le perchlorure de fer à l'intérieur ; nous fîmes le tamponnement que nous renouvelâmes tous les deux ou trois jours ; le quinzième jour, le sang s'était complétement arrêté et nous commencions à voir le col se reformer, l'état fongueux s'effacer et la coloration livide diminuer. Nous continuâmes le perchlorure de fer à l'intérieur et les pansements astrin- gents à haute dose pendant trois mois. Le sang reparut vingt jours après avoir été arrêté et dura dix jours, c'était l'époque menstruelle ; le deuxième mois il ne dura que huit jours ; le troisième, cinq, et le quatrième cette dame était très-bien réglée et reprenait son embonpoint.

## Observation VIII.

*Métrite chronique avec ulcérations du col et ovarite.*

Madame X., âgée de 30 ans, d'un tempérament nerveux, mère de quatre enfants, ne quittait pas sa chambre depuis son dernier accouchement, c'est-à-dire depuis trois ans. La marche était très-douloureuse, elle éprouvait assez souvent un sentiment de défaillance qui allait jusqu'à la syncope ; l'appétit était nul, les digestions mauvaises, aussi était-elle d'une maigreur excessive. Son sang apparaissait très-pâle tous les mois, quelquefois tous les quinze jours ; elle se plai- gnait d'une douleur vive dans le bas-ventre, d'un sentiment de pesanteur considérable sur le siége, de douleurs lombaires, d'un écoulement léger. Elle n'avait pas de constipation, mais les efforts pour aller à la selle la faisaient vivement souffrir, quelque légers qu'ils fussent. Elle avait un teint pâle et une très-grande impressionnabilité.

L'utérus était très-volumineux, le col rouge, ulcéré; à cause d'une douleur insupportable dans la région ovarique gauche, nous pratiquâmes le toucher rectal qui nous fit sentir, sur le bord gauche de l'utérus, un corps volumineux, sensible, qui était assurément l'ovaire tuméfié et descendu.

Malgré la pâleur de cette dame, douée du reste d'une très-grande énergie de caractère, nous fîmes une première application de dix sangsues sur le col; elle obtint immédiatement un soulagement notable. Nous lui fîmes prendre les toniques et les fondants à l'intérieur : fer, quinquina, iodure de potassieum ; nous fîmes des pansements sur le col avec des substances astringentes ; elle prit des injections astringentes froides deux fois par jour, des bains de siége narcotiques froids. Nous appliquâmes deux fois encore dix sangsues sur le col de huit en huit jours. Après un mois de traitement, madame X. sortit de sa chambre et vint nous voir. Nous lui conseillâmes de sortir chaque jour pendant une heure, et après trois mois de traitement elle était aussi bien qu'il était permis de l'espérer.

OBSERVATION VIII.

*Métrite chronique avec ulcérations et inflammation péri-utérine.*

Madame J., d'un tempérament lymphatique, âgée de 25 ans, était alitée depuis son dernier accouchement, c'est-à-dire depuis trois mois ; elle n'avait pas revu son sang, et elle souffrait horriblement du bas-ventre et des reins ; les douleurs étaient tellement vives que, chaque jour, elle était prise de violentes crises nerveuses suivies de perte de connaissance pendant plusieurs heures. Elle avait un écoulement blanc, épais, très-abondant ; le doigt trouvait au fond du vagin une masse énorme, enclavée dans le petit bassin, entourant le col de l'utérus et complétement immobile malgré tous les efforts qu'on faisait pour la soulever, le col était rouge, excorié et la constipation opiniâtre.

Nous fîmes tout d'abord sur le col une première application de douze sangsues, qui modéra les douleurs, nous administrâmes quelques laxatifs, des toniques à l'intérieur ; nous permîmes une nourriture aussi substantielle que le permettait l'état de la malade ; nous ordonnâmes les injections astringentes froides, les bains de siége narcotiques froids ; nous portâmes, deux fois par semaine, des astringents sur le col, nous renouvelâmes deux fois encore l'application de sangsues, et deux mois après le début du traitement cette dame sortait et venait nous voir, à la fin du troisième, elle était tout à fait bien, et son sang s'était régularisé.

## OBSERVATION IX.

*Métrite chronique avec stérilité. — Fécondation après le traitement.*

Madame R., de Lyon, âgée de 35 ans, mariée depuis dix-sept ans, avait un écoulement mucoso-purulent depuis plusieurs années, sa menstruation était très-faible lorsqu'elle vint nous consulter. Elle ressentait dés douleurs lombaires vives et une pesanteur dans le bas-ventre ; le col était gros, non ulcéré, le corps de l'utérus dur et lourd.

Nous fîmes prendre à cette dame, dont le tempérament était lymphatique, des toniques à l'intérieur, des injections astringentes, nous fîmes, deux fois par semaine, des pansements astringents sur le col. Après un mois de traitement les douleurs et la perte avaient disparu, les menstrues étaient plus abondantes, et quatre mois après elle nous écrivait qu'elle était enceinte pour la première fois.

### OBSERVATION X.

*Métrite chronique avec stérilité. — Fécondation après le traitement.*

Madame X., âgée de 30 ans, d'un tempérament sanguin, mariée depuis dix ans, n'ayant jamais eu d'enfants, souffrait depuis plusieurs années d'un malaise général ; elle avait des douleurs lombaires, un sentiment de gêne dans le bas-ventre, de la constipation, une douleur ovarique droite s'irradiant dans la cuisse du même côté, des pertes blanches abondantes et une menstruation irrégulière.

Le col était dur, rouge, couvert de granulations, le corps gros, résistant, sensible à la pression, la digestion était mauvaise ; nous ordonnâmes l'eau de Vichy, quelques laxatifs, une nourriture substantielle, des toniques à l'intérieur et de l'iodure de potassium à faible dose. Pansements astringents sur le col, injections astringentes, bains de siége narcotiques. Après deux mois, l'écoulement avait à peu près disparu, le volume de la matrice s'était bien réduit, et à la fin du troisième mois, cette dame était très-bien. Quelques mois après elle nous apprit qu'elle était enceinte.

### OBSERVATION XI.

*Métrite chronique. — Deux polypes muqueux.*

Mademoiselle S., âgée de 35 ans, jouissant d'une bonne constitution, avait depuis plusieurs années des pertes blanches très-abondantes et des coliques utérines qu'elle ne savait à quelle cause attribuer, sa menstruation était irrégulière. L'examen nous fit découvrir deux petits corps charnus sortant du col, l'un de 5 centimètres de longueur environ, l'autre de 4. Le col était légèrement entr'ouvert, l'utérus abaissé et plus volumineux qu'à l'état normal. Cette demoiselle éprouvait des douleurs de reins et une sensation de poids vers les parties génitales qui gênait la marche.

Nous prescrivîmes des bains de siége de feuilles de belladone pour calmer les douleurs, et nous portâmes directement sur le col de la pommade belladonée pour en faciliter la dilatation ; quelques jours avant l'excision, nous fîmes prendre du seigle ergoté pour provoquer des contractions utérines et faire sortir les polypes le plus qu'il était possible. Nous saisîmes chacun d'eux avec des pinces, et nous en fîmes la section le plus haut que nous pûmes avec de longs ciseaux courbes; l'écoulement sanguin qui suivit cette excision fut peu abondant ; les coliques utérines et l'écoulement mucosopurulent cessèrent. Nous portâmes des astringents sur le col de l'utérus pour aider la réduction du volume de la matrice et un mois après l'opération cette personne se portait trèsbien.

## OBSERVATION XII.

*Métrite chronique. — Un polype muqueux.*

Mademoiselle X., âgée de 32 ans, d'un tempérament sanguin, était tourmentée depuis plusieurs années par une hémorrhagie utérine alternant avec un écoulement blanc et par des coliques utérines. Elle ne consentit qu'avec peine à se laisser examiner ; nous sentîmes un corps allongé de 4 centimètres de longueur sortant de l'utérus ; il avait l'épaisseur d'une plume d'oie, et son extrémité libre avait la forme et la grosseur d'une grosse amande. Nous le saisîmes avec les pinces et en fîmes l'excision avec les ciseaux courbes ; l'hémorrhagie qui suivit cette petite opération ne dura qu'un instant. N'oublions pas de dire que le col était sain, et que le corps de l'utérus était gros, dur et douloureux. Avant l'excision nous eûmes recours à la belladone et au seigle, comme dans l'observation précédente, et aux pansements astringents après. Nous avons revu plusieurs fois cette personne, qui n'a jamais rien ressenti depuis lors.

OBSERVATION XIII.

*Métrite chronique. — Inflammation péri-utérine. — Abcès ouvert dans le rectum.*

Une jeune dame de 24 ans, d'un tempérament lymphatique et scrofuleux, avait un enfant de 6 ans. Un an après la naissance de cet enfant, elle avait eu un avortement qui lui avait laissé un poids dans le bas-ventre, une douleur dans la région iliaque gauche et dans les lombes et des pertes blanches abondantes, en un mot, elle ressentait tous les symptômes de la métrite chronique. Après avoir suivi plusieurs traitements sans assiduité, il est vrai, elle est venue à nous.

L'utérus était lourd et volumineux, son col ulcéré ; le doigt sentait, en arrière, une tumeur dure qui envahissait tout le cul-de-sac recto-vaginal et adhérait à la matrice. La main gauche appliquée sur l'hypogastre embrassait une masse dure, arrondie, qu'elle pouvait refouler très-légèrement, et dont les mouvements se communiquaient à la tumeur rétro-utérine. Après un mois de traitement par les toniques sous toutes les formes, par les iodés, par une nourriture substantielle, par des pansements locaux astringents, par deux applications de sangsues au col, nous étions parvenu avec peine à diminuer sensiblement le volume de l'utérus et de la tumeur, à cicatriser les fortes érosions et à modifier la constitution autant qu'il était permis de le faire ; lorsque, après une émotion très-vive ressentie par cette dame, nous fûmes péniblement surpris de constater que la tumeur était devenue rapidement plus grosse et plus sensible. Il se manifesta des frissons périodiques que la quinine modéra, et qui étaient produits par un travail de suppuration. Peu de jours après, la malade rendit plus de 300 grammes de pus liquide par le rectum ; les jours suivants, elle en rendait au moins 200 grammes en plusieurs fois. Aujourd'hui, c'est-à-dire trois mois après l'ouverture de l'abcès, le pus est moins abondant, mais il est toujours sécrété ; la tumeur a diminué de moitié, la matrice est bien moins grosse, mais nous ne pouvons pas encore prévoir quand surviendra la guérison de cette malade éminemment scrofuleuse, dont les ganglions cervicaux sont fortement tuméfiés.

FIN.

# TABLE.



FIN DE LA TABLE.



Corbeil, typographie de Crété.

www.ingramcontent.com/pod-product-compliance
Lightning Source LLC
Chambersburg PA
CBHW051631060726
47597CB00004B/1522